甘薯营养成分与功效科普丛书

甘薯茎叶的妙用

木泰华 孙红男 编著

科学出版社

北京

内 容 简 介

甘薯的茎叶资源十分丰富，年产量与地下部分的块根产量相当。研究表明，甘薯茎叶富含蛋白质、膳食纤维、多酚类物质及矿物质元素等营养与功能成分，是一种优质的蔬菜资源。本书对不同品种甘薯茎叶的营养与功效成分、甘薯茎叶作为鲜食蔬菜的妙用以及甘薯茎叶的加工与综合利用进行了详细介绍，以期为广大读者提供关于甘薯茎叶营养与功效成分及其加工与综合利用方面的较为系统全面的信息。

本书主要面向关注甘薯茎叶加工与综合利用的广大读者，并为相关专业的师生、相关领域的学者及企业人员提供参考。

图书在版编目（CIP）数据

甘薯茎叶的妙用 / 木泰华，孙红男编著 . —北京：科学出版社，2019.1
（甘薯营养成分与功效科普丛书）
ISBN 978-7-03-059711-3

Ⅰ . ①甘⋯ Ⅱ . ①木⋯ ②孙⋯ Ⅲ . ①甘薯 – 茎 – 介绍 ②甘薯 –叶 – 介绍 Ⅳ . ① S531

中国版本图书馆 CIP 数据核字（2018）第 263064 号

责任编辑：贾 超 宁 倩 / 责任校对：樊雅琼
责任印制：肖 兴 / 封面设计：东方人华

科 学 出 版 社 出版
北京东黄城根北街 16 号
邮政编码：100717
http://www.sciencep.com

北京汇瑞嘉合文化发展有限公司 印刷
科学出版社发行 各地新华书店经销
*

2019 年 1 月第 一 版 开本：890 × 1240 1/32
2019 年 1 月第二次印刷 印张：2
字数：50 000
定价：39.80 元
（如有印装质量问题，我社负责调换）

作者简介

木泰华 男，1964年3月生，博士，博士研究生导师，研究员，中国农业科学院农产品加工研究所薯类加工创新团队首席科学家，国家甘薯产业技术体系产后加工研究室岗位科学家。担任中国淀粉工业协会甘薯淀粉专业委员会会长、欧盟"地平线2020"项目评委、《淀粉与淀粉糖》编委、《粮油学报》编委、*Journal of Food Science and Nutrition Therapy* 编委、《农产品加工》编委等职。

1998年毕业于日本东京农工大学联合农学研究科生物资源利用学科生物工学专业，获农学博士学位。1999年至2003年先后在法国Montpellier第二大学食品科学与生物技术研究室及荷兰Wageningen大学食品化学研究室从事科研工作。2003年9月回国，组建了薯类加工团队。主要研究领域：薯类加工适宜性评价与专用品种筛选；薯类淀粉及其衍生产品加工；薯类加工副产物综合利用；薯类功效成分提取及作用机制；薯类主食产品加工工艺及质量控制；薯类休闲食品加工工艺及质量控制；超高压技术在薯类加工中的应用。

近年来主持或参加国家重点研发计划项目-政府间国际科技创新合作重点专项、"863"计划、"十一五""十二五"国家科技支撑计划、国家自然科学基金项目、公益性行业（农业）科研专项、现代农业产业技术体系建设专项、科技部科研院所技术开发研究专项、科技部农业科技成果转化资金项目、"948"计划等项目或课题68项。

相关成果获省部级一等奖2项、二等奖3项，社会力量奖一等奖4项、二等奖2项，中国专利优秀奖2项；发表学术论文161篇，其中SCI收录98篇；出版专著13部，参编英文著作3部；获授权国家发明专利49项；制定《食用甘薯淀粉》等国家/行业标准2项。

孙红男　女，1983 年 3 月生，博士，助理研究员。2006 年毕业于北京林业大学生物科学与技术学院，获得食品科学与工程学士学位；2009~2010 年在匈牙利布达佩斯考文纽斯大学访问学习；2011 年毕业于北京林业大学生物科学与技术学院，获得理学博士学位；2012~2014 年在中国农业科学院农产品加工研究所从事博士后科研工作；2014 年博士后出站后在中国农业科学院农产品加工研究所工作至今。目前主要从事薯类深加工及副产物综合利用方面的研究工作。主持或参与国家自然科学基金青年科学基金项目、公益性行业（农业）科研专项——马铃薯主粮化关键技术体系研究与示范、国际合作与交流项目、农业部现代农业产业技术体系、国家标准制修订计划项目—制定《食用甘薯淀粉》国家标准等项目，先后在 *Food Chemistry*、*Journal of Agricultural and Food Chemistry*、*International Journal of Food Properties*、*Plant Foods for Human Nutrition* 等杂志上发表多篇学术论文。

前　言

PREFACE

　　在一些发展中国家，土地沙漠化导致耕地面积不断减少，从而造成了食物短缺现象的不断加剧。因此，人们亟须能够适应不同环境、土壤和温度条件的农作物。甘薯（*Ipomoea batatas* L.）起源于拉丁美洲，是一种适应性强的农作物。我国是甘薯的最大生产国，据联合国粮食及农业组织（Food and Agriculture Organization of the United Nations，FAO）最新统计数据显示，2016 年我国甘薯年产量为 0.71 亿吨，占世界甘薯总产量的 67%以上。在日本，甘薯被认为是一种耐寒植物，块根和茎叶都被人们大量食用。然而，在我国大部分甘薯茎叶都被丢弃或被用作饲料。此外，有关甘薯茎叶中生物活性成分的研究报道也较少。

　　随着人们生活水平的提高，通过摄入药食兼用自然资源活性成分来降低罹患恶性肿瘤、高脂血症、高血压病、动脉硬化、糖尿病、肥胖症等疾病风险的策略越来越受到重视。甘薯茎叶中的多酚类物质能够预防龋齿、高血压、过敏反应，还能够抗肿瘤、抗突变、阻碍紫外线吸收；膳食纤维能够排除肠道内的毒素；叶绿素能够净化血液、消炎杀菌，排除重金属、药物毒素等；超氧化物歧化酶（SOD）等活性酶能够排解农药、化学毒素，抵抗过氧化物自由基，防止细胞变异；钙、钾等大量矿物质碱性离子能够中和体内酸性毒素。因此，甘薯茎叶具有潜在的保健食品开发价值，其开发利用将会极大提高甘薯加工的附加值，具有广阔的市场前景。

2003年，笔者在荷兰与瓦赫宁根（Wageningen）大学食品化学研究室 Harry Gruppen 教授合作完成了一个薯类保健特性方面的研究项目。回国后，怀着对薯类研究的浓厚兴趣，笔者带领团队成员对甘薯加工与综合利用开展了较深入的研究。十余年来，笔者团队承担了"现代甘薯农业产业技术体系建设专项""国家科技支撑计划专题——甘薯加工适宜性评价与专用品种筛选""甘薯深加工关键技术研究与产业化示范""农产品加工副产物高值化利用技术引进与利用""甘薯叶粉的高效制备与品质评价关键技术研究""薯类淀粉加工副产物的综合利用"等项目或课题，攻克了一批关键技术，取得了一批科研成果，培养了一批技术人才。

编写本书的目的是向大家介绍不同品种甘薯茎叶的营养与功效成分、甘薯茎叶作为鲜食蔬菜的妙用以及甘薯茎叶的精深加工与综合利用方面的知识。

由于作者水平有限，加之甘薯精深加工与综合利用领域发展迅猛，书中内容难免有不当或疏漏之处，恳请各位读者批评指正。

木泰华

2019 年元月

目 录

C O N T E N T S

一、揭开甘薯茎叶的神秘面纱

1. 什么是甘薯茎叶？

2. 甘薯茎叶可以吃吗？

3. 不同品种甘薯茎叶营养成分有何不同？

4. 开发利用甘薯茎叶有市场前景吗？

1. 什么是甘薯茎叶？

　　甘薯茎叶是指甘薯地上部分的茎叶资源（图1中的绿色部分），在一年中可以多次采收，产量与地下部分的块根相当，远远高于其他叶类蔬菜。此外，与其他叶类蔬菜相比，甘薯茎叶对疾病、虫害和旱涝灾害的耐性更强。因此，甘薯茎叶可以作为蔬菜淡季的调剂蔬菜，并能缓解由自然灾害（如海啸、洪水、台风等）引起的食物短缺。

图1　甘薯全身图

2. 甘薯茎叶可以吃吗？

　　国内外学者研究发现，甘薯茎叶富含蛋白质、膳食纤维、多酚类物质、维生素、矿物质元素等营养与功效成分，可提高人体免疫力，促进身体健康。中医学研究也认为甘薯茎叶具有健脾强胃、补虚益气、益肺生津、补肝明目、延缓衰老等作用。所以，甘薯茎叶不但可以吃，而且应该经常吃。

　　在日本，甘薯被认为是一种耐寒植物，块根和茎叶都被人们大量食用。日本太阳星株式会社于2009年公开了一项发明专利——一种以植物为原料的青汁粉末饮料（图2）。该产品以甘薯茎叶、明日菜叶、大麦嫩叶、小麦嫩叶等植物茎叶中的一种或几种作为原料，首先将植物茎叶榨汁所得上清液干燥制粉，然后将植物茎叶全粉按一定比例混合后造粒。该植物粉末饮料产品不添加任何糖、结着剂、防腐剂等，具有植物茎叶原有的自然色泽，加水冲调后稳定性好，口感细腻润滑，能够很好地弥补人们日常生活中蔬菜营养成分摄取的不足。同时，该产品解决了液态饮料储藏运输不方便，大部分粉末饮料在水中分散性、色泽和综合适口性差及食品添加剂过量等问题。然而，在我国大部分甘薯茎叶都被丢弃或被用作饲料（图3）。

图2　日本青汁产品

图3　被丢弃或被用作饲料的甘薯茎叶

3. 不同品种甘薯茎叶营养成分有何不同?

　　甘薯传入我国已经有400多年的历史，在这漫长的种植历史中，品种的选育工作一刻也没有停止，形形色色的地方品种层出不穷。我国从20世纪80年代开始实行甘薯品种的审（认、鉴）定制度，到2014年的31年间进行了24次审（认、鉴）定工作，共审（认、鉴）定甘薯品种160个。

　　图4为部分甘薯品种的叶片。有些朋友可能要问：这么多品种的甘薯茎叶，其营养与功效成分都一样吗?

　　为了探明这个问题，笔者团队从我国甘薯主产区收集了40个主栽品种的甘薯茎叶，对其水分、蛋白质、粗纤维、脂肪、碳水化合物、灰分、矿物质元素、多酚类物质等成分的含量及抗氧化活性进行了分析比较。下面将分析结果一一展示给广大读者。

(1) 不同品种甘薯茎叶的基本成分

　　表1向我们呈现了40个品种甘薯茎叶的水分、蛋白质、粗纤维、脂肪、碳水化合物和灰分含量。

表1　甘薯茎叶的基本组成（g/100g 干重）

品种	水分*	蛋白质	粗纤维	脂肪	碳水化合物	灰分
'西蒙1号'	88.70±1.81	25.66±0.63	12.76±0.05	3.06±0.15	46.43±0.53	12.11±0.04
'金玉1号'	88.10±2.03	27.53±0.33	11.28±0.02	3.43±0.06	47.05±0.27	10.72±0.01
'济薯'	87.60±0.23	29.27±0.02	11.26±0.06	3.99±0.11	42.03±0.03	13.46±0.08
'食5'	87.95±1.85	31.08±0.09	11.06±0.07	5.13±0.09	43.16±0.08	9.59±0.01
'徐55-2'	87.85±0.12	29.08±0.35	10.62±0.05	4.88±0.12	44.01±0.21	11.42±0.00

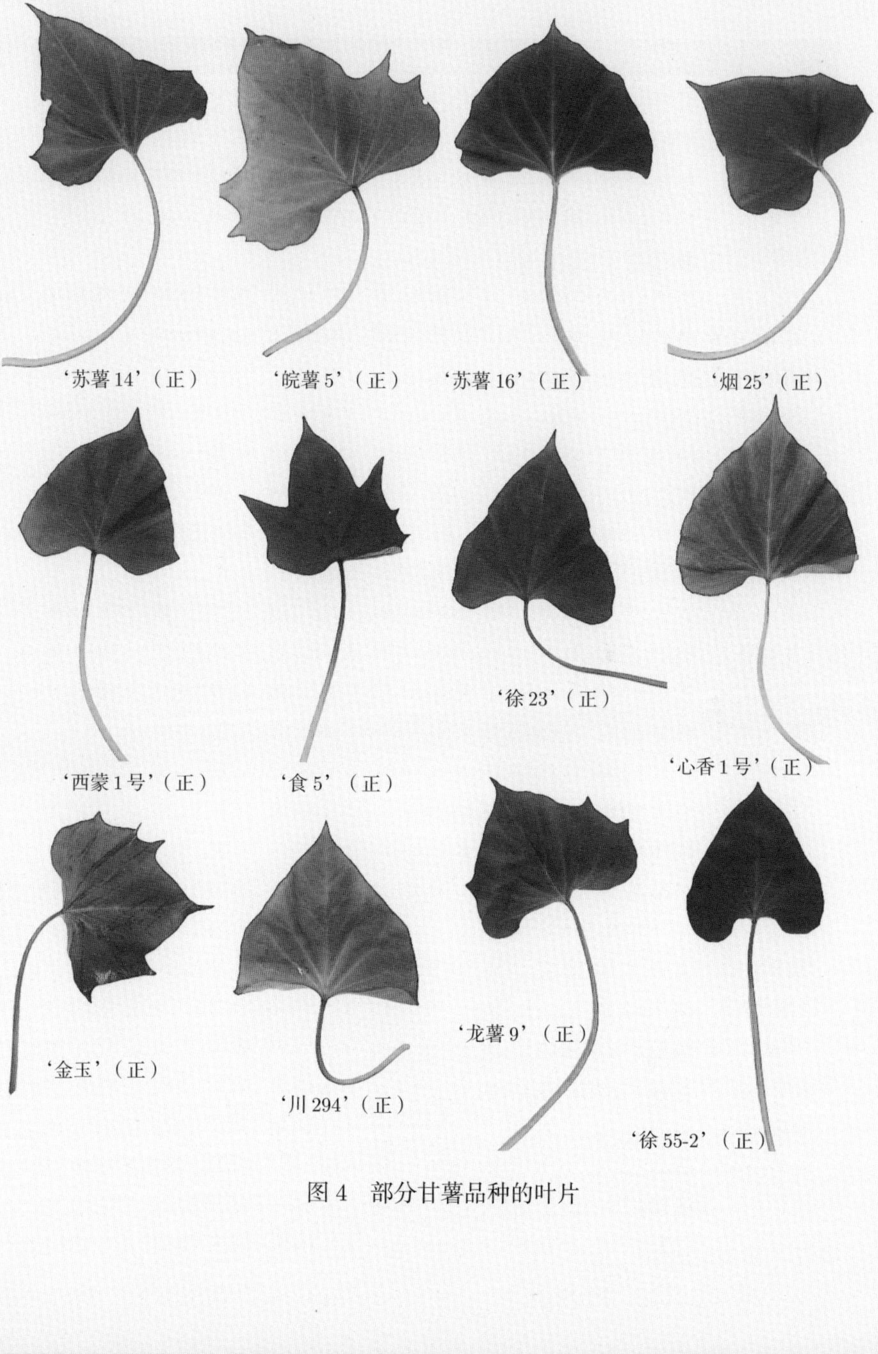

'苏薯14'（正）　　'皖薯5'（正）　　'苏薯16'（正）　　　　'烟25'（正）

'西蒙1号'（正）　　'食5'（正）　　　　'徐23'（正）　　　　'心香1号'（正）

'金玉'（正）　　　　'川294'（正）　　　'龙薯9'（正）　　　'徐55-2'（正）

图 4　部分甘薯品种的叶片

品种	水分 *	蛋白质	粗纤维	脂肪	碳水化合物	灰分
'济22'	87.57±0.58	27.15±0.13	12.98±0.07	4.90±0.04	44.55±0.02	10.43±0.03
'烟25'	87.33±0.93	23.46±0.21	11.26±0.05	4.08±0.06	47.50±0.16	13.72±0.02
'徐23'	84.54±0.66	30.53±0.32	11.36±0.00	4.95±0.06	42.82±0.22	10.35±0.05
'苏薯14'	87.63±0.16	26.75±0.16	11.03±0.10	4.47±0.15	43.10±0.12	14.66±0.00
'皖薯5号'	86.79±0.19	27.20±0.12	12.45±0.17	5.23±0.18	44.51±0.43	10.63±0.07
'龙薯9号'	86.25±0.69	25.71±0.04	13.00±0.02	4.90±0.12	45.73±0.10	10.67±0.03
'红心王'	87.52±0.31	24.72±0.17	10.55±0.54	3.71±0.08	51.71±0.93	9.31±0.46
'徐薯053601'	88.92±0.34	23.43±0.11	10.04±0.50	3.75±0.01	54.69±1.27	8.10±1.20
'农大6-2'	88.84±1.02	24.21±0.17	9.86±0.35	3.84±0.16	53.00±0.57	9.09±0.64
'密原6号'	88.59±0.53	23.49±0.43	9.25±0.38	3.97±0.04	54.32±0.47	8.98±0.79
'渝紫7号'	87.52±0.20	21.12±0.25	10.68±1.15	2.24±0.08	57.30±1.34	8.67±0.59
'京553夏'	86.75±0.87	22.03±0.01	9.71±1.50	5.17±0.10	55.26±2.34	7.83±1.30
'西农1号'	87.78±0.62	18.35±0.01	10.19±0.85	5.28±0.15	57.69±1.99	8.50±1.45
'济薯04150'	87.82±1.16	23.18±0.13	10.24±0.69	4.22±0.04	53.57±0.41	8.79±1.38
'莆薯53'	88.28±1.02	24.04±0.11	11.33±0.46	4.39±0.16	51.84±1.61	8.41±1.68
'徐22-1'	86.81±0.22	22.96±0.25	11.88±0.93	2.08±0.06	53.97±0.01	9.11±1.13
'商薯19(春)'	88.56±0.14	16.69±0.09	10.01±0.75	2.94±0.10	61.36±0.90	9.01±2.33
'商薯19(夏)'	87.85±0.65	17.92±0.11	9.15±0.49	2.85±0.16	58.02±1.30	12.07±0.89
'苏薯16'	84.09±0.81	27.55±0.35	12.70±0.35	2.37±0.08	46.97±0.82	10.42±1.38
'川294'	87.76±0.14	28.57±0.04	12.32±0.74	2.53±0.01	45.52±1.30	11.06±0.76
'心香1号'	86.33±0.90	28.62±0.08	13.11±0.72	2.42±0.03	44.34±0.31	11.51±0.69
'徐038008'	86.75±3.31	25.94±0.06	11.54±0.68	3.17±0.04	50.13±1.60	9.22±1.41
'烟紫337'	88.65±2.56	23.77±0.19	10.33±0.79	3.57±0.12	54.28±0.20	8.05±1.33
'山川紫'	88.76±1.44	21.46±0.13	11.26±1.19	3.25±0.06	55.59±0.79	8.45±0.64
'莆薯17'	88.89±1.69	18.62±0.11	14.26±0.38	3.16±0.01	56.04±0.99	7.92±0.95
'济农2694'	86.20±1.44	25.26±0.26	10.82±1.28	3.31±0.08	52.80±1.84	7.81±0.97
'福薯2号'	88.53±2.36	24.59±0.33	12.10±1.02	3.81±0.08	51.72±0.71	7.79±0.86
'宁薯23-1'	88.45±2.19	22.76±0.35	13.00±1.02	3.54±0.01	52.43±1.15	8.28±0.53
'廊薯7-12'	88.42±1.90	22.25±0.01	12.40±0.58	3.89±0.02	54.04±0.72	7.43±0.19
'京6'	87.24±2.64	23.76±0.07	12.70±0.49	3.27±0.06	51.59±0.09	8.68±0.68

品种	水分*	蛋白质	粗纤维	脂肪	碳水化合物	灰分
'宁紫1号'	87.53±2.55	22.45±0.26	13.59±1.00	3.37±0.07	51.63±1.30	8.97±0.61
'渝紫263'	87.93±0.37	22.76±0.01	13.13±0.67	3.22±0.02	52.18±1.24	8.72±0.81
'徐薯26'	88.15±2.14	22.63±0.07	12.20±1.80	2.93±0.16	54.10±1.32	8.15±0.78
'冀薯65'	87.58±1.53	21.80±0.56	11.81±1.29	3.30±0.00	55.70±1.50	7.39±0.86
'徐薯22(春)'	87.68±1.39	17.53±0.29	12.62±0.23	3.04±0.01	57.23±0.73	9.59±1.01

* 水分含量以鲜重计（g/100g 鲜重）。

40个品种甘薯茎叶的水分含量范围为84.09~88.92g/100g 鲜重。'徐薯053601'水分含量最高（88.92g/100g），'苏薯16'水分含量最低（84.09g/100g）。

甘薯茎叶的蛋白质含量范围为16.69~31.08g/100g 干重。'食5'蛋白质含量最高（31.08g/100g），'商薯19（春）'蛋白质含量最低（16.69g/100g）。蛋白质是人类赖以生存的基础营养素，人体必须不断地从食物中摄取各种蛋白质，才能保证机体的正常运行。有报道指出，甘薯茎叶蛋白中氨基酸含量丰富，仅赖氨酸轻度缺乏，氨基酸模式与联合国粮食及农业组织（FAO）推荐的基本一致。由此可知，甘薯茎叶可为人们的膳食提供优良的植物蛋白。

甘薯茎叶的粗纤维含量范围为9.15~14.26g/100g 干重。'莆薯17'粗纤维含量最高（14.26g/100g），'商薯19（夏）'粗纤维含量最低（9.15g/100g）。膳食纤维是维护人体健康所必不可少的物质之一，具有促进胃肠蠕动、增强消化功能、阻止胆固醇的吸收、维护血糖平衡的作用，从而具有预防和治疗脑血管硬化、糖尿病、肿瘤等疾病的保健功能。

甘薯茎叶中脂肪的含量范围为2.08~5.28g/100g 干重。'西农1号'脂肪含量最高（5.28g/100g），'徐22-1'脂肪含量最低（2.08g/100g）。脂类物质的主要功能是组成生物膜、提供能量、作为脂溶性物质的溶剂，虽然饱和油脂与癌症的形成、免疫力低下、动脉硬化等疾病有关，但植物中油脂的组成多为不饱和脂肪酸，不饱和脂肪酸具有降低血液中胆固醇和甘油三酯、降低血液黏稠度、改善血液微循环、提高脑细胞的活性、增强记忆力等多种保健功效。

甘薯茎叶中碳水化合物的含量范围为 42.03~61.36g/100g 干重。碳水化合物是生命细胞结构的主要成分及主要供能物质，并且有调节细胞活动的重要功能，此外还有节约蛋白质、抗生酮、解毒和增强肠道功能的作用。

甘薯茎叶的灰分含量范围为 7.39~14.66g/100g 干重。'苏薯14'灰分含量最高（14.66g/100g），'冀薯65'灰分含量最低（7.39g/100g）。高灰分表明其无机元素总量高，目前人类营养学已证实多种无机元素在人体生命活动中有着重要的生理和病理意义，许多元素参与酶的合成，对促进机体新陈代谢、增强免疫力、防止疾病发挥着重要作用。

从表 1 中，我们不难看出，不同品种甘薯茎叶中的蛋白质、粗纤维、脂肪、碳水化合物和灰分都存在较大差异，这是因为植物的基因型、成熟度、其他营养组成等因素都会影响上述各种成分的含量。

(2) 不同品种甘薯茎叶的矿物质元素

甘薯茎叶中常量元素钙、钾、磷、镁、钠和微量元素铁、锰、锌、铜的含量如表 2 和表 3 所示。

表 2　甘薯茎叶中常量元素的含量（mg/100g 干重）

品种	钙	钾	磷	镁	钠	钾钠比
'西蒙 1 号'	1135.5±43.8	4195.5±100.5	688.0±67.8	258.5±8.6	8.06±0.55	520.39
'金玉 1 号'	1110.1±5.6	3423.0±24.0	131.1±3.3	336.7±2.3	50.97±2.04	67.16
'济薯'	1520.1±175.5	4280.6±37.0	296.0±72.1	299.3±4.3	832.31±68.84	5.14

品种	钙	钾	磷	镁	钠	钾钠比
'食5'	892.7±46.2	3065.7±86.7	450.2±11.4	329.8±6.1	56.10±2.58	54.64
'徐55-2'	1389.7±7.6	2881.8±71.6	538.3±26.6	426.6±1.8	54.66±1.18	52.73
'济22'	972.7±24.4	3506.2±112.1	728.9±9.9	271.0±6.2	101.79±0.58	34.45
'烟25'	1468.2±7.0	3863.3±3.0	598.5±18.9	295.3±0.7	197.17±0.27	19.59
'徐23'	922.0±1.3	3071.1±10.2	888.4±28.2	303.2±0.6	16.19±0.24	189.73
'苏薯14'	1958.1±24.1	3970.5±76.2	736.5±24.0	361.2±2.2	82.96±1.51	47.86
'皖薯5号'	921.1±8.3	3466.9±15.3	1007.8±27.2	220.2±2.4	137.53±0.11	25.21
'龙薯9号'	945.9±28.9	3514.4±18.9	993.9±49.4	311.7±10.4	43.25±0.29	81.26
'红心王'	284.5±0.6	913.3±2.0	975.3±0.3	438.3±2.9	391.30±1.10	2.33
'徐薯053601'	364.7±0.4	1077.9±0.3	1150.2±1.7	468.4±0.3	91.60±0.10	11.77
'农大6-2'	573.8±1.4	914.4±0.8	906.4±0.9	675.3±4.0	14.00±0.00	65.31
'密原6号'	319.8±0.1	1043.0±0.2	1296.5±2.2	457.7±1.9	51.95±0.05	20.08
'渝紫7号'	294.3±0.4	983.6±1.4	1137.0±0.7	422.2±1.0	240.80±0.50	4.08
'京553夏'	976.4±1.3	479.3±1.0	763.7±0.4	692.0±0.9	243.65±0.05	1.97
'西农1号'	1071.0±5.6	639.2±0.2	880.9±0.6	716.0±1.1	164.65±0.35	3.88
'济薯04150'	258.5±0.5	1059.8±1.3	1580.4±2.5	471.7±1.6	76.75±0.05	13.81
'莆薯53'	491.2±0.8	929.5±2.5	1142.3±1.1	234.6±2.0	156.05±0.05	5.96
'徐22-1'	229.7±0.4	978.7±0.8	1666.6±1.2	418.6±0.1	308.20±0.50	3.18
'商薯19(春)'	881.5±1.9	794.9±0.4	927.4±0.3	712.0±0.8	47.20±0.00	16.84
'商薯19(夏)'	736.6±4.1	1395.5±4.8	990.9±1.0	608.6±0.6	39.45±0.05	35.37
'苏薯16'	510.0±0.9	1292.9±1.8	1808.7±0.2	518.8±0.0	37.60±0.10	34.39
'川294'	1043.6±1.3	1042.4±0.4	1704.0±2.2	598.3±0.3	56.40±0.00	18.48
'心香1号'	807.3±1.5	978.7±2.8	1693.9±1.5	910.5±1.3	420.35±1.95	2.33
'徐038008'	404.7±3.4	962.5±3.4	1072.7±0.6	280.8±0.8	19.30±0.40	49.88
'烟紫337'	456.4±2.8	760.3±1.5	1060.7±1.1	293.3±4.6	140.37±1.67	5.42
'山川紫'	588.4±4.1	709.6±2.1	1169.9±0.3	298.2±2.9	396.25±3.75	1.79
'莆薯17'	503.1±3.6	768.9±0.4	1273.8±0.7	299.5±0.9	322.79±4.29	2.38
'济农2694'	598.9±0.8	790.0±1.5	1494.3±4.8	303.6±2.6	115.26±3.16	6.85
'福薯2号'	517.9±4.1	820.6±0.8	1573.7±4.6	314.1±4.1	34.20±0.80	23.99

续表

品种	钙	钾	磷	镁	钠	钾钠比
'宁薯23-1'	505.0±1.7	810.2±1.1	1853.8±6.9	277.1±2.7	213.65±7.55	3.79
'廊薯7-12'	408.8±2.3	772.0±2.1	1759.4±2.8	273.7±2.6	16.04±0.14	48.12
'京6'	423.3±0.6	1060.0±1.2	2292.7±5.2	290.2±1.3	154.06±2.44	6.88
'宁紫1号'	429.7±6.6	720.3±1.7	2206.3±3.9	321.6±1.9	548.05±4.55	1.31
'渝紫263'	483.8±5.3	839.3±3.9	2186.8±5.5	276.7±2.2	317.54±0.54	2.64
'徐薯26'	379.0±2.0	859.1±3.0	2639.8±1.3	267.5±2.4	83.74±0.64	10.26
'冀薯65'	508.0±4.6	789.9±4.3	2169.7±3.9	279.8±0.3	20.99±0.22	37.64
'徐薯22(春)'	1509.0±3.1	580.2±2.2	1493.4±4.7	676.8±5.4	96.13±0.33	6.04

表3 甘薯茎叶中微量元素含量（mg/100 g 干重）

品种	铁	锰	锌	铜
'西蒙1号'	10.06±0.25	3.11±0.01	2.74±0.09	1.62±0.09
'金玉1号'	8.39±0.18	5.53±0.23	2.51±0.03	1.61±0.02
'济薯'	10.09±1.06	4.03±0.33	2.58±0.19	1.86±0.25
'食5'	8.45±0.33	3.12±0.12	2.76±0.10	1.58±0.05
'徐55-2'	9.51±1.18	4.04±0.08	2.72±0.00	1.70±0.01
'济22'	10.26±0.21	3.20±0.09	2.51±0.08	1.59±0.06
'烟25'	14.52±0.26	5.00±0.03	2.00±0.03	1.41±0.01
'徐23'	9.08±0.29	3.29±0.01	3.23±0.04	1.62±0.01
'苏薯14'	11.09±0.28	3.98±0.06	2.27±0.10	1.54±0.04
'皖薯5号'	8.93±1.00	2.30±0.01	2.55±0.02	1.62±0.00
'龙薯9号'	6.90±0.25	3.69±0.03	2.46±0.00	1.67±0.00
'红心王'	2.45±0.02	2.14±0.00	1.98±0.00	1.03±0.00
'徐薯053601'	3.71±0.00	2.76±0.00	2.28±0.00	0.97±0.00
'农大6-2'	4.59±0.02	3.03±0.01	1.85±0.00	1.14±0.00
'密原6号'	4.15±0.01	2.53±0.01	2.05±0.00	1.05±0.00
'渝紫7号'	4.39±0.01	2.94±0.00	1.72±0.00	0.85±0.00
'京553夏'	8.47±0.00	6.23±0.00	1.43±0.00	0.80±0.00
'西农1号'	8.53±0.00	5.10±0.01	1.45±0.00	0.84±0.00

品种	铁	锰	锌	铜
'济薯04150'	3.96±0.01	2.11±0.01	2.04±0.00	0.95±0.01
'莆薯53'	4.72±0.01	2.70±0.00	1.84±0.00	0.89±0.00
'徐22-1'	1.92±0.00	1.71±0.00	2.04±0.00	0.90±0.00
'商薯19（春）'	9.81±0.01	4.85±0.00	1.20±0.00	0.67±0.00
'商薯19（夏）'	19.64±0.03	4.45±0.00	1.48±0.00	0.77±0.00
'苏薯16'	4.96±0.01	2.14±0.01	2.08±0.00	1.09±0.00
'川294'	4.39±0.00	2.55±0.00	2.00±0.00	0.99±0.00
'心香1号'	5.95±0.01	2.90±0.00	1.99±0.00	1.09±0.00
'徐038008'	6.90±0.02	3.76±0.04	2.81±0.02	1.38±0.03
'烟紫337'	6.29±0.02	3.79±0.02	2.49±0.03	1.18±0.01
'山川紫'	9.76±0.03	5.04±0.02	2.21±0.02	1.28±0.02
'莆薯17'	6.26±0.03	4.17±0.02	2.11±0.05	1.30±0.02
'济农2694'	9.50±0.01	6.29±0.01	2.53±0.04	1.35±0.04
'福薯2号'	8.80±0.02	5.73±0.01	2.81±0.03	1.59±0.02
'宁薯23-1'	8.44±0.02	4.63±0.04	2.97±0.01	1.31±0.03
'廊薯7-12'	7.38±0.03	4.82±0.01	2.46±0.04	1.20±0.01
'京6'	8.51±0.01	4.86±0.01	2.74±0.03	1.45±0.03
'宁紫1号'	8.28±0.02	5.97±0.05	2.43±0.00	1.53±0.02
'渝紫263'	9.10±0.04	6.21±0.02	2.36±0.03	1.25±0.03
'徐薯26'	7.93±0.02	4.12±0.04	2.70±0.02	1.37±0.02
'冀薯65'	8.08±0.04	4.33±0.02	2.43±0.01	1.52±0.04
'徐薯22（春）'	21.77±0.33	10.92±0.18	1.84±0.01	1.48±0.03

　　常量元素中钾的含量范围为479.3（'京553夏'）~4280.6（'济薯'）mg/100g 干重；磷的含量范围为131.1（'金玉1号'）~2639.8（'徐薯26'）mg/100g 干重；钙的含量范围为229.7（'徐22-1'）~1958.1（'苏薯14'）mg/100g 干重；镁的含量范围为220.2（'皖薯5号'）~910.5（'心香1号'）mg/100g 干重；钠的含量范围为8.06

（'西蒙1号'）~832.31（'济薯'）mg/100g 干重。甘薯茎叶中各种常量元素的平均含量排序为钾＞磷＞钙＞镁＞钠。

钾元素可以调节细胞内适宜的渗透压和体液的酸碱平衡，参与细胞内糖和蛋白质的代谢，有助于维持神经健康、心律正常，可以预防中风，并协助肌肉正常收缩。在摄入高钠而导致高血压时，钾具有降血压作用。但目前从营养学的角度看，单纯以一种营养元素的含量高低来评定物质的营养价值不够全面，钾钠比理论是指评估人类膳食营养标准的行为时，通过结合机体的钾含量和钠含量吸收平衡的效应，以食物的钾、钠含量比作为评定食物优劣程度的准则。由表2可知，'西蒙1号'、'徐23'、'龙薯9号'、'金玉1号'、'农大6-2'、'食5'、'徐55-2'、'徐038008'、'廊薯7-12'、'苏薯14'、'冀薯65'、'商薯19（夏）'、'济22'、'苏薯16'、'皖薯5号'、'福薯2号'、'密原6号'、'烟25'、'川294'这19个品种甘薯茎叶的钾钠比例均高于 Taira 等学者在 2013 年发表的题为 "Mineral determination and anti-LDL oxidation activity of sweet potato (*Ipomoea batatas* L.) leaves" 的文章中菠菜（18.10）和水菠菜（11.56）的钾钠比。钾钠比高的食物对人体健康的意义要远大于钾钠比低的食物。镁元素可与磷元素相互作用，是核酸合成的必需矿物质元素，人体内镁元素缺乏会引起哮喘、糖尿病和骨质疏松等多种疾病。钙元素具有维持强健的骨骼和健康的牙齿，维持规则的心律，缓解失眠症状，帮助体内铁的代谢，强化神经系统，特别是其刺激的传达机能等作用。

微量元素中铁的含量范围为 1.92（'徐22-1'）~21.77['徐薯22（春）']mg/100g 干重；锰的含量范围为 1.71（'徐22-1'）~10.92['徐薯22（春）']mg/100g 干重；锌的含量范围为 1.20['商薯19（春）']~3.23（'徐23'）mg/100g 干重；铜的含量范围为

0.67[‘商薯19（春）’]~1.86（‘济薯’）mg/100g 干重。甘薯茎叶中各种微量元素的平均含量排序为铁＞锰＞锌＞铜。

尽管植物中非血红素铁在人体中的吸收利用率低于肉类中的血红素铁，但血红素铁的摄入可增加人体罹患结肠癌的风险。锰元素参与人体的氧化应激系统，并与葡萄糖稳态和钙的运输有关。GB 28050—2011《食品安全国家标准 预包装食品营养标签通则》中规定锰元素的营养素参考值为3mg，因此，每日食用73.17g（干重）甘薯茎叶（590.56 g 新鲜甘薯茎叶）即可满足人体锰元素的需求量。锌元素是几种金属酶的组成成分，参与 DNA 和 RNA 的代谢，与信号转导、基因表达等密切相关。铜与机体铁的吸收有关，参与多种酶反应和胶原蛋白的合成。铜具有减缓衰老、促进能量代谢、调节心率、平衡甲状腺分泌、减少关节炎、促进伤口愈合、增加红细胞的形成等多种生理活性。

(3) 不同品种甘薯茎叶的营养质量指数

Venom 于 2013 年在其题为 "Nutrient density" 的文章中指出，营养质量指数是个体食物中的营养成分的含量与营养素参考值之间关系的度量标准。如果食物中某种营养成分的营养质量指数在 2~6 的范围内，说明所述食物是该种营养成分的良好来源；如果食物中某种营养成分的营养质量指数 ＞ 6，说明所述食物是该种营养成分的优质来源。甘薯茎叶中各营养素的营养质量指数如表 4 所示。除了‘商薯19（春）’、‘商薯19（夏）’和‘徐薯22（春）’外，其他品种甘薯茎叶均为人体补充蛋白质的良好食物来源，有益于因缺失蛋白质而营养不良的人群。甘薯茎叶中纤维素的营养质量指数范围为 2~6，说明甘薯茎叶是膳食纤维的良好来源。此外，大部分品种甘薯的茎叶是钾、磷、钙、锰、铁和铜元素的良好食物来源。

其中‘西蒙1号’是钾元素（营养质量指数 =10）的优质食物来源；‘渝紫7号’是磷元素（营养质量指数 =8）和镁元素（营养质量指数 =7）的优质食物来源。

表4 甘薯茎叶的营养质量指数

品种	蛋白质	脂肪	碳水化合物	粗纤维	钾	磷	钙	镁	钠	铁	锰	锌	铜
‘西蒙1号’	2	<1	<1	2	10	5	7	4	<1	3	5	<1	5
‘金玉1号’	2	<1	<1	2	8	1	7	5	<1	3	9	<1	5
‘济薯’	2	<1	<1	2	10	2	9	5	2	3	6	<1	6
‘食5’	3	<1	<1	2	7	3	5	5	<1	3	5	<1	5
‘徐55-2’	2	<1	<1	2	7	4	8	7	<1	3	6	<1	5
‘济22’	2	<1	<1	3	8	5	6	4	<1	3	5	<1	5
‘烟25’	2	<1	<1	2	9	4	9	5	<1	5	8	<1	4
‘徐23’	2	<1	<1	2	7	6	5	5	<1	3	5	1	5
‘苏薯14’	2	<1	<1	2	9	5	12	6	<1	4	6	<1	5
‘皖薯5号’	2	<1	<1	2	8	7	5	3	<1	3	4	<1	5
‘龙薯9号’	2	<1	<1	3	8	7	6	3	<1	3	6	<1	3
‘红心王’	2	<1	<1	2	2	7	2	7	<1	<1	3	<1	3
‘徐薯053601’	2	<1	<1	2	3	8	5	6	<1	1	4	<1	3
‘农大6-2’	2	<1	<1	2	2	6	5	11	<1	4	5	<1	4
‘密原6号’	2	<1	<1	2	2	7	5	7	<1	3	4	<1	3
‘渝紫7号’	2	<1	<1	2	2	8	5	7	<1	1	5	<1	3
‘京553夏’	2	<1	<1	2	1	5	6	11	<1	3	10	<1	3
‘西农1号’	2	<1	<1	2	2	6	6	11	<1	3	8	<1	3
‘济薯04150’	2	<1	<1	2	3	11	2	7	<1	1	3	<1	3
‘莆薯53’	2	<1	<1	2	2	7	3	8	4	2	4	<1	3
‘徐22-1’	2	<1	<1	2	2	11	1	7	<1	<1	3	<1	3
‘商薯19(春)’	1	<1	1	2	2	6	5	11	<1	3	8	<1	2
‘商薯19(夏)’	1	<1	<1	2	3	7	4	10	<1	6	7	<1	2
‘苏薯16’	2	<1	<1	2	3	12	3	8	<1	2	4	<1	3
‘川294’	2	<1	<1	2	2	8	5	8	<1	1	4	<1	3
‘心香1号’	2	<1	<1	3	2	12	5	14	1	2	5	<1	3

品种	蛋白质	脂肪	碳水化合物	粗纤维	钾	磷	钙	镁	钠	铁	锰	锌	铜
'徐038008'	2	<1	<1	2	2	7	2	4	<1	2	6	<1	4
'烟紫337'	2	<1	<1	2	2	7	3	5	<1	2	6	<1	4
'山川紫'	2	<1	<1	2	2	8	4	5	<1	3	8	<1	4
莆薯17'	2	<1	<1	3	2	9	3	5	<1	2	7	<1	4
'济农2694'	2	<1	<1	2	2	10	4	5	<1	3	10	<1	4
'福薯2号'	2	<1	<1	2	2	11	3	5	<1	3	9	<1	5
'宁薯23-1'	2	<1	<1	2	2	13	4	4	<1	2	9	<1	4
'廊薯7-12'	2	<1	<1	2	2	12	4	4	<1	2	9	<1	4
'京6'	2	<1	<1	2	3	16	5	4	<1	3	8	<1	5
'宁紫1号'	2	<1	<1	2	2	15	5	5	1	3	9	<1	4
'渝紫263'	2	<1	<1	3	2	15	4	5	<1	3	10	<1	4
'徐薯26'	2	<1	<1	2	2	18	4	4	<1	3	9	<1	4
'冀薯65'	2	<1	<1	2	2	15	4	4	<1	3	9	<1	5
'徐薯22（春）'	1	<1	<1	2	1	10	9	11	<1	7	17	<1	5

(4) 不同品种甘薯茎叶的多酚类物质含量及抗氧化活性

多酚类物质是指分子结构中含有芳香环和一个或多个羟基的物质，主要分为4大类：黄酮类、酚酸、单宁和花色苷。研究表明，甘薯茎叶多酚（图5）中，70%以上是绿原酸及其衍生物，另有10%~20%为黄酮类化合物。表5向我们展示了40个品种甘薯茎叶中的多酚类物质含量和抗氧化活性。多酚类物质含量范围为2.73~12.46g绿原酸当量/100g干重。'济薯04150'和'渝紫7号'的多酚类物质含量最高，分别为12.46 g绿原酸当量/100g干重和12.30 g绿原酸当量/100g干重，'食5'的多酚类物质含量最低，为2.73 g绿原酸当量/100g干重。基因型、多酚氧化酶活性、成熟度、收获后处理方式、储藏条件、营养组成差异等因素都能造成不同品种甘薯茎叶多酚类物质含量的差异。多酚类化合物因酚羟基的存在，能形成有抗氧化作用的氢自由基以消除超氧阴离子和羟自由基等的活性，从而保护组织免受氧化作用的损害，具有提高免疫力、抗癌、抗衰老等作用。

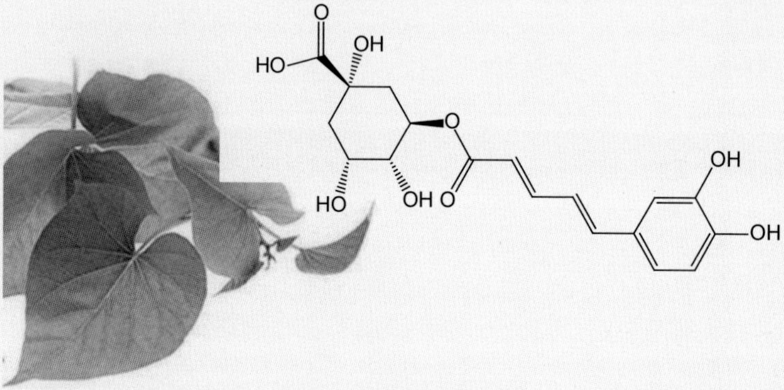

图 5　甘薯茎叶多酚

表5　甘薯茎叶多酚类物质含量（g 绿原酸当量 /100g 干重）及抗氧化活性
（mg 抗坏血酸当量 /mg 干重）

品种	多酚类物质含量	抗氧化活性
'西蒙1号'	7.67±0.31	0.56±0.01
'金玉1号'	4.03±0.05	0.25±0.00
'济薯'	3.49±0.04	0.12±0.01
'食5'	2.73±0.02	0.08±0.00
'徐55-2'	3.41±0.04	0.11±0.01
'济22'	5.36±0.55	0.22±0.01
'烟25'	6.91±0.10	0.13±0.00
'徐23'	7.09±0.12	0.19±0.01
'苏薯14'	2.74±0.03	0.30±0.02
'皖薯5号'	6.00±0.03	0.08±0.00
'龙薯9号'	5.07±0.00	0.24±0.01

品种	多酚类物质含量	抗氧化活性
'红心王'	8.45±0.05	0.60±0.01
'徐薯053601'	11.36±0.07	0.65±0.02
'农大6-2'	8.74±0.14	0.49±0.01
'密原6号'	11.66±0.07	0.58±0.02
'渝紫7号'	12.30±0.65	0.08±0.02
'京553夏'	6.01±0.02	0.53±0.01
'西农1号'	6.70±0.07	0.70±0.02
'济薯04150'	12.46±0.62	0.73±0.01
'莆薯53'	6.76±0.07	0.58±0.00
'徐22-1'	8.82±0.10	0.62±0.01
'商薯19(春)'	4.73±0.12	0.30±0.01
'商薯19(夏)'	6.76±0.09	0.40±0.01
'苏薯16'	9.71±0.36	0.57±0.01
'川294'	5.44±0.65	0.29±0.00
'心香1号'	3.25±0.04	0.09±0.00
'徐038008'	3.62±0.02	0.39±0.00
'烟紫337'	5.06±0.14	0.21±0.00
'山川紫'	6.92±0.27	0.36±0.00
'莆薯17'	11.45±0.13	0.39±0.01
'济农2694'	10.17±0.21	0.40±0.00
'福薯2号'	5.31±0.03	0.22±0.00
'宁薯23-1'	4.02±0.22	0.16±0.00
'廊薯7-12'	8.97±0.12	0.36±0.01
'京6'	11.57±0.21	0.73±0.02
'宁紫1号'	6.26±0.07	0.41±0.01
'渝紫263'	9.75±0.29	0.39±0.00
'徐薯26'	9.19±0.50	0.58±0.02
'冀薯65'	5.88±0.16	0.37±0.00
'徐薯22(春)'	3.13±0.21	0.24±0.00

如表 5 所示，'渝紫 7 号'抗氧化活性最高，为 0.08mg 抗坏血酸当量 /mg 干重，'食 5'的抗氧化活性最低，为 0.08mg 抗坏血酸当量 /mg 干重。越来越多的研究显示抗氧化是预防衰老的重要步骤，因为自由基或氧化剂会将细胞和组织分解，影响代谢功能，并引起不同的健康问题。如果能够消除过多的氧化自由基，对于许多由自由基引起的与老化相关的疾病都能起到预防作用。如常见的动脉硬化、糖尿病、癌症、心血管病、白内障、老年痴呆、关节炎等疾病都被认为与自由基相关。甘薯茎叶中的多酚类物质可以利用自身结构的特性来稳定自由基多余的电子，防止细胞老化。因此，广大读者如果有条件，我们推荐每日摄入适量的甘薯茎叶，来延缓身体退化速度，防止肌肤衰老，并时刻保持神采奕奕。

表 1~ 表 5 向我们展示了不同品种甘薯茎叶的营养与功能成分，从中不难看出，虽然不同品种甘薯茎叶营养与功能成分存在差异，但甘薯茎叶是一种富含蛋白质、膳食纤维、多酚类物质、矿物质元素的优质蔬菜资源，具有较高的开发和应用价值。

4. 开发利用甘薯茎叶有市场前景吗？

随着人们生活水平的提高，通过摄入药食兼用自然资源活性成分来降低罹患恶性肿瘤、高脂血症、高血压病、动脉硬化、糖尿病、肥胖症等疾病风险的策略越来越受到重视。甘薯茎叶中的多酚类物质能够预防龋齿、高血压、过敏反应，还能够抗肿瘤、抗突变、阻碍紫外线吸收；膳食纤维能够排除肠道内的毒素（肠道内的粪便如不及时排出，毒素会重新被肠壁吸收，进入血液）；叶绿素能够净化血液，消炎杀菌，排除重金属、药物毒素等；SOD 等活性酶（也称活性酵素）能够排解农药、化学毒素，抵抗过氧化物自由基，防止细胞变异；钙、钾等大量矿物质碱性离子能够中和体内酸性毒素（由摄入的其他酸性食物所分解的酸性毒素）。因此，甘薯茎叶具有潜在的食品、医药、化妆品、营养及保健食品开发价值（图 6），其开发利用将会极大提高甘薯行业的附加值，具有广阔的市场前景。

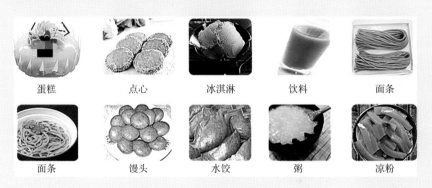

| 蛋糕 | 点心 | 冰淇淋 | 饮料 | 面条 |

| 面条 | 馒头 | 水饺 | 粥 | 凉粉 |

图 6　甘薯茎叶的用途

二、甘薯茎叶巧加工

1. 甘薯茎叶粉的加工及其妙用
2. 甘薯茎叶多酚的提取及其妙用

1. 甘薯茎叶粉的加工及其妙用

近年来针对甘薯茎叶已开发出一系列产品，如速冻甘薯茎叶、干制甘薯茎叶、甘薯茎叶保健饮料、甘薯浓缩茎叶蛋白以及甘薯茎叶罐头等，但尚未普及开来，且上述产品的加工、储藏及运输条件均受到一定的限制，容易造成加工原料的损失及营养成分的劣变。因此，亟须开发适宜加工、储藏及运输，且集营养价值高、功效作用强、口感与风味好、用途广泛等优点于一体的甘薯茎叶加工产品。将甘薯茎叶干燥制粉，既有利于甘薯茎叶的储藏和运输，又可以应用于主食、休闲食品、饮料等食品中，以弥补人们日常生活中蔬菜营养成分摄取的不足。下面我们将着重向广大读者介绍甘薯茎叶的干燥制粉技术及甘薯茎叶粉在主食、休闲食品、饮料等产品中的妙用。

(1) 甘薯茎叶的干燥方式

果蔬的干燥技术主要包括：热风干燥技术、真空冷冻干燥技术、真空干燥技术、喷雾干燥技术、微波干燥技术、微波真空干燥技术、压差膨化干燥技术等。不同干燥方式会对果蔬物料的营养与功能品质造成不同程度的影响。

杨晓童等2017年在题为"新型微波真空干燥机设计"的文章中指出：微波真空干燥是集微波干燥和真空干燥于一体的新型干燥技术，它以微波作为热源，可克服真空干燥热传导慢的缺点。在真空环境下对物料进行干燥，大大降低了干燥温度，很好地保护了物料中的有效成分。综合来说，微波干燥具有干燥速度快、干燥品质好、干燥成本低等优点，是极具发展潜力的新型干燥技术（图7）。

图 7　微波真空干燥设备

为了解决甘薯茎叶干燥制粉过程中热敏性营养与功效成分损失严重的问题，笔者团队采用微波真空干燥结合粉碎技术制备了甘薯茎叶粉，对其营养与功能成分及抗氧化活性进行了分析，并与真空冷冻干燥和热风干燥进行了对比。

3 种干燥方式的具体操作流程如下。

热风干燥：将甘薯茎叶洗净晾干，平铺于 60℃的电热鼓风干燥箱中，干燥 12h，连续静音磨粉机粉碎 30s 后过 120 目筛，得甘薯茎叶粉，并置于铝箔自封袋中于 4℃储存备用。

真空冷冻干燥：将甘薯茎叶洗净晾干，在 -40℃超低温冷冻冰箱中预冻 12h。进行真空冷冻干燥时，先将冷阱温度至少降至 -50℃，之后将预冻好的甘薯茎叶放置在干燥室中干燥 72h，将干燥后的甘薯茎叶粉碎过 120 目筛，并置于铝箔自封袋中于 4℃储存备用。

微波真空干燥：将甘薯茎叶洗净晾干，平铺于微波真空干燥箱中，设置最高温度为 50℃，最低温度 40℃，微波功率 350W，真空

度 -0.95MPa，干燥 120min，连续静音磨粉机粉碎 30s 后过 120 目筛，得甘薯茎叶粉，并置于铝箔自封袋中于 4℃储存备用。

如表 6~表 11 所示，3 种不同干燥方式所得甘薯茎叶粉均富含蛋白质、膳食纤维、维生素、矿物质元素及多酚类物质。值得一提的是，微波真空干燥甘薯茎叶粉中的维生素 B_1、维生素 B_2、维生素 B_3、维生素 C、维生素 E 含量均显著高于热风干燥甘薯茎叶粉，维生素 C 和维生素 B_3 含量甚至高于真空冷冻干燥甘薯茎叶粉。这是一个非常有趣的现象，通常我们会认为，真空冷冻干燥能够最有效地保留食品原料中原有的营养与功能成分，加热处理会促进果蔬中维生素 C 的氧化损失。但高愿军等在"山楂酱加工中热处理对维生素 C 含量的影响（1996 年）"一文中也同样发现，山楂果实在加热软化过程中维生素 C 含量不但没有减少，反而有所增加，并指出产生这一现象的原因是加热过程中氧气被排除，维生素 C 氧化酶被钝化，从而使山楂果实中的维生素 C 得到了最大限度的保留。综合考虑热风干燥、真空冷冻干燥和微波真空干燥对甘薯茎叶粉营养及功能特性的影响，以及干燥温度、干燥时间等因素，确定微波真空干燥为甘薯茎叶粉的最佳干燥方式。

表6　不同干燥方式对甘薯茎叶粉基本成分的影响（g/100g）

干燥方式	水分	灰分	蛋白质	粗纤维	碳水化合物	脂肪
热风干燥	4.45±0.08	9.97±2.07	27.70±0.11	8.30±0.08	18.20±0.38	2.65±0.39
真空冷冻干燥	3.69±0.07	9.87±0.18	27.40±0.13	8.80±0.36	15.80±0.67	3.20±0.48
微波真空干燥	8.47±0.30	12.56±0.11	25.40±0.63	9.60±1.12	15.40±0.59	2.12±0.65

表7　不同干燥方式对甘薯茎叶粉膳食纤维含量的影响（g/100g）

干燥方式	总膳食纤维	可溶性膳食纤维	不可溶性膳食纤维
热风干燥	36.60±1.10	4.30±0.34	32.30±0.71
真空冷冻干燥	37.90±1.29	4.30±0.43	33.60±0.11
微波真空干燥	35.20±0.63	3.80±0.24	31.40±0.42

表8　不同干燥方式对甘薯茎叶粉维生素含量的影响（mg/100g）

干燥方式	维生素C	维生素E	β-胡萝卜素	维生素B₁	维生素B₂	维生素B₃
热风干燥	25.20±0.89	0.34±0.71	34.80±0.93	0.06±0.00	0.77±0.02	3.46±0.32
真空冷冻干燥	59.50±0.78	6.42±1.23	21.50±0.35	0.10±0.04	1.31±0.49	3.04±0.23
微波真空干燥	92.50±1.33	3.12±0.87	25.70±0.33	0.08±0.04	1.04±0.07	3.49±0.79

表9　不同干燥方式对甘薯茎叶粉常量矿物质元素含量的影响（mg/100g）

干燥方式	Na	Ca	Mg	K	P
热风干燥	184±2.31	$1.11\times10^{3}\pm5.2$	415±5.8	$2.84\times10^{3}\pm3.5$	273±6.48
真空冷冻干燥	141±1.13	$1.09\times10^{3}\pm3.6$	427±0.3	$3.02\times10^{3}\pm1.53$	291±2.23
微波真空干燥	23.2±0.72	$1.62\times10^{3}\pm9.63$	422±4.99	$3.47\times10^{3}\pm2.13$	280±0.55

表10　不同干燥方式对甘薯茎叶粉微量矿物质元素含量的影响

干燥方式	Fe (mg/100g)	Zn (mg/100g)	Cu (mg/100g)	Mn (mg/100g)	Se (μg/100g)	Pb (mg/kg)	Al (mg/kg)	As (mg/kg)
热风干燥	21.8±0.26	2.5±0.53	1.8±0.36	19±1.13	4.17±0.00	0.31±0.01	62.2±0.13	0.089±0.00
真空冷冻干燥	13.8±0.62	2.9±0.49	1.6±0.61	17±0.70	4.11±0.00	0.25±0.01	42.5±0.09	0.073±0.00
微波真空干燥	16.5±0.62	2.6±0.52	0.66±0.05	14.5±0.78	3.8±0.00	0.32±0.01	64.9±0.17	0.19±0.00

表11　不同干燥方式对甘薯茎叶粉总酚含量、抗氧化活性的影响

干燥方式	总酚含量（g绿原酸当量/100g）	抗氧化活性（g水溶性维生素E当量/100g）
热风干燥	2.36±0.12	34.96±0.92
真空冷冻干燥	3.15±0.17	35.58±0.85
微波真空干燥	3.03±0.09	13.48±1.08

（2）甘薯茎叶粉在传统主食及糕点中的妙用

主食是指组成居民主要能量来源的食物。我国居民的主食主要是谷类作物及其制品，如大米、白面、玉米。自 2013 年我国实施马铃薯主食化战略以来，马铃薯等薯类作物也成为主食的重要组成部分。许多人认为食用馒头、面条、米饭等富含碳水化合物的主食会导致身材肥胖，因而对其敬而远之。实际上，这种观点是不完全正确的。与蛋白质和脂肪不同，人体中的碳水化合物储备是非常有限的，如果膳食中长期缺乏碳水化合物将导致人体血糖含量降低，产生头晕、心悸、脑功能障碍等问题，严重者会导致低血糖昏迷。因此，适量食用主食是非常必要的。然而，传统主食（馒头、面条等）一般是以小麦粉为原料制作的，在小麦粉加工中，过度地追求加工精度导致众多营养素丢失。

甘薯茎叶粉富含蛋白质、膳食纤维、多酚类物质、维生素、矿物质元素、叶绿素等营养与功能成分，以适当的比例被添加到各类传统主食中（图8），既能提高主食的营养价值，又能丰富主食的种类。笔者团队采用发酵流变仪研究了不同甘薯茎叶粉添加量（0%~30%）对小麦馒头面团最大发酵高度、最大产气量、持气系数等的影响，发现随着甘薯茎叶粉添加量的增大，面团最大发酵高度和最大产气量逐渐降低，持气系数无显著变化。在上述研究的基础上，确定甘薯茎叶粉的合适添加量为 5%~15%。

图 8　添加了甘薯茎叶粉的馒头、面条

糕点是以面粉或米粉、糖、油脂、蛋、乳品等为主要原料，配以各种辅料、馅料和调味料，初制成型，再经蒸、烤、炸、炒等方式加工制成。它们的营养成分以碳水化合物为主，可产生大量热能。将甘薯茎叶粉添加到不同种类的糕点中（图9），在改善糕点营养价值的同时，还将为广大消费者带来清新自然的味觉与视觉享受，何乐而不为呢！

图 9　添加了甘薯茎叶粉的糕点

(3) 甘薯茎叶粉在固体饮料中的妙用

　　固体饮料是指以糖、乳和乳制品、蛋或蛋制品、果汁或食用植物提取物等为主要原料，添加适量的辅料或食品添加剂制成的固体制品，呈粉末状、颗粒状或块状。目前已有的固体饮料产品有奶粉、果蔬粉固体饮料等，这些产品均较好地保留了物料原有的感官特性和营养价值，且含水量低、轻巧简便、易于保存运输。将甘薯茎叶粉加工成固体饮料，能够有效利用甘薯地上部分的茎叶资源，拓宽原料的应用范围，减少资源浪费，最大限度保持甘薯茎叶中的营养与功能成分，而且便于储藏运输，适合产业化生产，具有广阔的市场前景。

　　笔者团队以微波真空干燥结合超微粉碎技术制备的甘薯茎叶粉为

原料，麦芽糊精、卵磷脂、预糊化淀粉和β-环糊精这四种稳定剂为辅料，以饮料的悬浮稳定性为评价指标，通过单因素试验确定了麦芽糊精、卵磷脂、预糊化淀粉和β-环糊精的添加范围；在此基础上，通过响应面分析试验设计，优化了原辅料的最佳配方。然后加入白砂糖和绿茶香精进行沸腾造粒，并对所得产品进行了粒度分析、功能成分分析及感官评价，从而开发出一种新型保健型甘薯茎叶固体饮料。所得产品呈浅绿色粉末状，颗粒均匀，组织松散，无杂质异物；经热水冲调后，粉体迅速溶解，呈鲜绿色，色泽清亮，无分层现象，具有新鲜甘薯茎叶和绿茶特有的混合清香风味（图10）。

图 10　甘薯茎叶固体饮料产品

2. 甘薯茎叶多酚的提取及其妙用

(1) 甘薯茎叶多酚的提取技术

多酚类物质是广泛存在于植物界中的一类次生代谢产物，基本结构为芳香环上连有一个或多个酚羟基，包含单体酚类物质以及由单体酚聚合而成的高分子聚合物。流行病学和实验研究均已证实，多酚类物质具有抗氧化、抗癌变、抗炎症、预防心血管疾病、延缓衰老等对人体健康有益的作用。此外，天然植物源多酚类物质还可作为抗氧化剂和防腐剂在食品生产中得以应用，有效改善食品品质，延长储藏期。

目前，国内外多酚类物质的主要提取方法为有机溶剂浸提法。然而溶剂浸提法提取周期长，生产效率低。利用一些物理场对植物原料的作用可加速活性多酚在溶剂中的溶解速度，从而提高其溶解度。并且物理场的作用只是影响植物细胞中活性物质的溶出速率、改变溶质与溶剂的作用强度，对活性物质本身并不产生影响。常见的物理辅助手段有超声波、微波、超高压等。目前在甘薯茎叶多酚的提取中应用最多的物理辅助手段为超声波辅助溶剂提取法。笔者所在团队采用超声波辅助乙醇溶剂提取技术、大孔树脂纯化技术、旋蒸技术及冷冻干燥技术得到甘薯茎叶多酚产品，多酚提取率和产品纯度可分别达到85.19%、87.33%。所得甘薯茎叶多酚产品由绿原酸、芦丁等多种多酚类物质组成，具有抑菌、抗氧化、防衰老等多种生物活性。

(2) 甘薯茎叶多酚的妙用

我国目前还没有甘薯茎叶多酚产品，对其进行研究开发，用途极为广泛（图11）。

| 面包 | 蛋糕 | 点心 | 饮料 | 火腿 |

| 面膜产品 | 面膜 | 化妆品 | 药品 | 标准品 |

图 11　甘薯茎叶多酚在不同产品中的应用

1）食品行业

多酚类物质是一种新型高效的酚型抗氧化剂，在某些食品中可取代或部分取代目前常用的人工合成抗氧化剂。因此，多酚类物质可作为抗氧化剂、保鲜剂等应用到食品加工和储藏领域。

2）医药保健行业

卫生部《药品标准》收录的 170 多种具有清热解毒、抗菌消炎作用的中成药中，均含有多酚类物质。目前多酚类物质的抗菌消炎特性在医药行业的应用开发较多，而其抑制肿瘤、降血压血糖、保护心血管等生物活性在医药行业的应用较为不足，所以在开发高性能、高附加值的医药保健领域，多酚类物质仍有广阔的应用前景。

3）日用化工行业

多酚类物质可以保护胶原蛋白不受活性氧等自由基伤害，并能有效降低紫外线对人体皮肤的伤害作用，在美白、润肤、防晒和护发等日化领域应用广泛。目前国内关于多酚类物质在日化行业的应用研究相对较少，跟发达国家相比差距较大。我国人口众多，日化产品的需求量大，开发含有多酚类物质的日化产品在我国将有较大的市场需求。

三、甘薯茎叶美食指南

1. 清炒甘薯茎叶
2. 鲜虾甘薯茎叶汤
3. 鱼香甘薯茎叶
4. 甘薯茎叶饼
5. 甘薯茎叶窝窝头

甘薯茎叶在香港被誉为"蔬菜皇后"、"长寿蔬菜"及"抗癌蔬菜"，亚洲蔬菜研究和发展中心已将甘薯茎叶列为高营养蔬菜品种。那么，甘薯茎叶作为鲜食蔬菜，应该如何吃才能既健康又美味呢？接下来就向广大读者介绍几种新鲜甘薯茎叶的常见烹调方法。

1. 清炒甘薯茎叶

原料

甘薯茎叶500g
大蒜适量
食盐、油适量

做法

① 先把甘薯茎叶洗净，控干水分。
② 下油放进拍碎了的大蒜，然后倒入洗净的甘薯茎叶。
③ 大火炒熟，最后加盐调味即可。

2. 鲜虾甘薯茎叶汤

原料

甘薯茎叶 150g
虾适量
鸡汤适量

做法

① 先把甘薯茎叶洗净，控干水分。

② 虾去壳，对开。

③ 将甘薯茎叶放入开水中焯一下。

④ 将焯过的甘薯茎叶放入料理机中打碎。

⑤ 锅中倒入鸡汤，加入打碎的甘薯茎叶。

⑥ 放入虾，煮开，加盐调味即可。

3. 鱼香甘薯茎叶

原料

甘薯茎叶200g
鱼干、瘦肉、
淀粉、食盐、
调和油适量

做法

① 先把甘薯茎叶洗净，控干水分。

② 鱼干撕成小块，瘦肉切好备用。

③ 锅里放油预热，然后放入鱼干。

④ 加入瘦肉翻炒几下。

⑤ 加入洗净的甘薯茎叶。

⑥ 加入食盐翻炒。

⑦ 淀粉调成水状，倒入锅中，收汁后即可出锅。

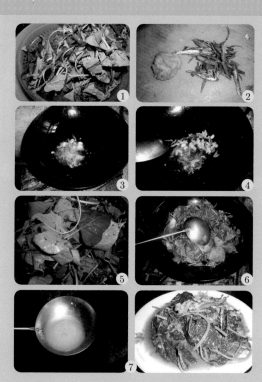

4. 甘薯茎叶饼

原料

甘薯茎叶 100g
鸡蛋 2 个
面粉一小碗
植物油 10g
食盐 2g

做法

① 先把甘薯茎叶洗净，控干水分。

② 将洗净的甘薯茎叶切碎。

③ 加入鸡蛋和食盐。

④ 逐次添加面粉，因为甘薯茎叶含有丰富的黏液，所以，做这个饼，不用加一滴水。

⑤ 揉成柔软的面团。注意：和成的面团要跟平时烙饼的面团一样软。

⑥ 面团稍稍静置几分钟后，取出，分好剂子，案板上撒少许薄面，取一个面团，直接用擀面杖擀开擀薄，一定要薄一些，比煎饼略厚即可。这个饼不同于我们平时吃的饼，它不用裹油。

⑦ 在平底锅刷一层薄油，放入饼的生坯，中小火烙熟，切块儿食用。依次做好所有的饼。您也可以再捣个蒜泥，用米醋、生抽、香油兑成汁儿后蘸食，更加美味。

①

②

5. 甘薯茎叶窝窝头

原料

甘薯茎叶 200g
玉米粉 300g
黄豆粉 100g
食盐、鸡精、
调和油、
苏打粉适量

做法

① 先把甘薯茎叶洗净，控干水分。

② 将甘薯茎叶加入沸水中略焯后捞出过凉。

③ 将焯过的甘薯茎叶挤净水分切成细末备用。

④ 将切好的甘薯茎叶与黄豆粉、玉米粉放在一起，并加入适量食盐、鸡精和小苏打。

⑤ 一点点地加入水，拌匀。

⑥ 用手翻压和匀，并静置醒发 10 分钟。

⑦ 取一块面团，团成圆形，然后用大拇指在中间开窝，慢慢转动，形成上部略尖，中空的窝头形。

⑧ 大火将蒸锅烧热，放入窝窝头。

⑨ 蒸制 15 ~ 20 分钟，关火后略焖 3 分钟，开盖取出即可食用。您也可以将大蒜捣成蒜泥，加盐、生抽、醋、香油调匀，甘薯茎叶窝窝头蘸蒜汁，美味极了。

①

②

除上述鲜食方式之外，甘薯茎叶还可以用来做蔬菜粥、蔬菜馒头、蔬菜蛋糕、蔬菜面包等美食。广大读者可以根据自己的喜好进行尝试，也许会有意想不到的惊喜。

中国农业科学院农产品加工研究所

薯类加工创新团队

研究方向

薯类加工与综合利用。

研究内容

薯类加工适宜性评价与专用品种筛选；薯类淀粉及其衍生产品加工；薯类加工副产物综合利用；薯类功效成分提取及作用机制；薯类主食产品加工工艺及质量控制；薯类休闲食品加工工艺及质量控制；超高压技术在薯类加工中的应用。

团队首席科学家

木泰华 研究员

团队概况

　　现有科研人员 8 名，其中研究员 2 名，副研究员 2 名，助理研究员 3 名，科研助理 1 名。2003~2018 年期间共培养博士后及研究生 79 人，其中博士后 4 名，博士研究生 25 名，硕士研究生 50 名。近年来主持或参加国家重点研发计划项目 - 政府间国际科技创新合作重点专项、"863"计划、"十一五""十二五"国家科技支撑计划、国家自然科学基金项目、公益性行业（农业）科研专项、现代农业产业技术体系建设专项、科技部科研院所技术开发研究专项、科技部农业科技成果转化资金项目、"948"计划等项目或课题 68 项。

主要研究成果

甘薯蛋白

- 采用膜滤与酸沉相结合的技术回收甘薯淀粉加工废液中的蛋白。
- 纯度达 85%，提取率达 83%。
- 具有良好的物化功能特性，可作为乳化剂替代物。
- 具有良好的保健特性，如抗氧化、抗肿瘤、降血脂等。

- 获省部级及学会奖励 3 项，通过省部级科技成果鉴定及评价 3 项，获授权国家发明专利 3 项，出版专著 3 部，发表学术论文 41 篇，其中 SCI 收录 20 篇。

  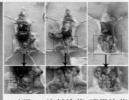

对照　注射给药　灌胃给药

甘薯颗粒全粉

- 是一种新型的脱水制品,可保存新鲜甘薯中丰富的营养成分。
- "一步热处理结合气流干燥"技术制备甘薯颗粒全粉，简化了生产工艺，有效地提高了甘薯颗粒全粉细胞的完整度。
- 在生产过程中用水少，废液排放量少，应用范围广泛。
- 通过农业部科技成果鉴定 1 项，获授权国家发明专利 2 项，出版专著 1 部，发表学术论文 10 篇。

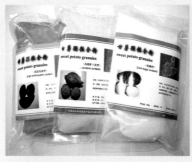 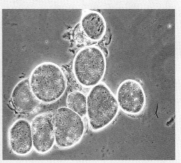

甘薯膳食纤维及果胶

- 甘薯膳食纤维筛分技术与果胶提取技术相结合，形成了一套完整的连续化生产工艺。

- 甘薯膳食纤维具有良好的物化功能特性；大型甘薯淀粉厂产生的废渣可以作为提取膳食纤维的优质原料。
- 甘薯果胶具有良好的乳化能力和乳化稳定性；改性甘薯果胶具有良好的抗肿瘤活性。
- 获省部级及学会奖励 3 项，通过农业部科技成果鉴定 1 项，获得授权国家发明专利 3 项，发表学术论文 25 篇，其中 SCI 收录 9 篇。

甘薯茎尖多酚

甘薯茎尖多酚

- 主要由酚酸（绿原酸及其衍生物）和类黄酮（芦丁、槲皮素等）组成。
- 具有抗氧化、抗动脉硬化，防治冠心病与中风等心脑血管疾病，抑菌、抗癌等许多生理功能。
- 获授权国家发明专利 1 项，发表学术论文 8 篇，其中 SCI 收录 4 篇。

紫甘薯花青素

- 与葡萄、蓝莓、紫玉米等来源的花青素相比，具有较好的光热稳定性。
- 抗氧化活性是维生素 C 的 20 倍，维生素 E 的 50 倍。
- 具有保肝，抗高血糖、高血压，增强记忆力及抗动脉粥样硬化等生理功能。
- 获授权国家发明专利 1 项，发表学术论文 4 篇，其中 SCI 收录 2 篇。

马铃薯馒头

- 以优质马铃薯全粉和小麦粉为主要原料,采用新型降黏技术,优化搅拌、发酵工艺，经过由外及里再由里及外地醒发等独创工艺和一次发酵技术等多项专利蒸制而成。
- 突破了马铃薯馒头发酵难、成型难、口感硬等技术难题，成功将马铃薯粉占比提高到 40% 以上。
- 马铃薯馒头具有马铃薯特有的风味，同时保存了小麦原有的麦香风味,芳香浓郁,口感松软。马铃薯馒头富含蛋白质,必需氨基酸含量丰富,可与牛奶、鸡蛋蛋白质相媲美,更符合WHO/FAO的氨基

酸推荐模式,易于消化吸收;维生素、膳食纤维和矿物质(钾、磷、钙等)含量丰富,营养均衡,抗氧化活性高于普通小麦馒头,男女老少皆宜,是一种营养保健的新型主食,市场前景广阔。

- 获授权国家发明专利5项,发表相关论文3篇。

马铃薯面包

- 马铃薯面包以优质马铃薯全粉和小麦粉为主要原料,采用新型降黏技术等多项专利、创新工艺及3D环绕立体加热焙烤而成。

- 突破了马铃薯面包成型和发酵难、体积小、质地硬等技术难题,成功将马铃薯粉占比提高到40%以上。

- 马铃薯面包风味独特,集马铃薯特有风味与纯正的麦香风味于一体,鲜美可口,软硬适中。

- 获授权国家发明专利1项,发表相关论文3篇。

马铃薯焙烤系列休闲食品

- 以马铃薯全粉及小麦粉为主要原料,通过配方优化与改良,采用先进的焙烤工艺精制而成。

- 添加马铃薯全粉后所得的马铃薯焙烤系列食品风味更浓郁、营养更丰富、食用更健康。
- 马铃薯焙烤类系列休闲食品包括：马铃薯磅蛋糕、马铃薯卡思提亚蛋糕、马铃薯冰冻曲奇以及马铃薯千层酥塔等。
- 获授权国家发明专利 4 项。

成果转化

1. 成果鉴定及评价

（1）甘薯蛋白生产技术及功能特性研究（农科果鉴字 [2006] 第 034 号），成果被鉴定为国际先进水平；

（2）甘薯淀粉加工废渣中膳食纤维果胶提取工艺及其功能特性的研究（农科果鉴字 [2010] 第 28 号），成果被鉴定为国际先进水平；

（3）甘薯颗粒全粉生产工艺和品质评价指标的研究与应用（农科果鉴字 [2011] 第 31 号），成果被鉴定为国际先进水平；

（4）变性甘薯蛋白生产工艺及其特性研究（农科果鉴字 [2013] 第 33 号），成果被鉴定为国际先进水平；

（5）甘薯淀粉生产及副产物高值化利用关键技术研究与应用 ［中农（评价）字 [2014] 第 08 号］，成果被评价为国际先进水平。

2. 获授权专利

（1）甘薯蛋白及其生产技术，专利号：ZL200410068964.6；

（2）甘薯果胶及其制备方法，专利号：ZL200610065633.6；

（3）一种胰蛋白酶抑制剂的灭菌方法，专利号：ZL200710177342.0；

（4）一种从甘薯渣中提取果胶的新方法，专利号：ZL200810116671.9；

（5）甘薯提取物及其应用，专利号：ZL200910089215.4；

（6）一种制备甘薯全粉的方法，专利号：ZL200910077799.3；

（7）一种从薯类淀粉加工废液中提取蛋白的新方法，专利号：ZL201110190167.5；

（8）一种甘薯茎叶多酚及其制备方法，专利号：ZL201310325014.6；

（9）一种提取花青素的方法，专利号：ZL201310082784.2；

（10）一种提取膳食纤维的方法，专利号：ZL201310183303.7；

（11）一种制备乳清蛋白水解多肽的方法，专利号：ZL201110414551.9；

（12）一种甘薯颗粒全粉制品细胞完整度稳定性的辅助判别方法，专利号：ZL 201310234758.7；

（13）甘薯 Sporamin 蛋白在制备预防和治疗肿瘤药物及保健品中的应用，专利号：ZL201010131741.5；

（14）一种全薯类花卷及其制备方法，专利号：ZL201410679873.X；

（15）提高无面筋蛋白面团发酵性能的改良剂、制备方法及应用，专利号：ZL201410453329.3；

（16）一种全薯类煎饼及其制备方法，专利号：ZL201410680114.6；

（17）一种马铃薯花卷及其制备方法，专利号：ZL201410679874.4；

（18）一种马铃薯渣无面筋蛋白饺子皮及其加工方法，专利号：ZL201410679864.0；

（19）一种马铃薯馒头及其制备方法，专利号：ZL201410679527.1；

（20）一种马铃薯发糕及其制备方法，专利号：ZL201410679904.1；

（21）一种马铃薯蛋糕及其制备方法，专利号：ZL201410681369.3 ；

（22）一种提取果胶的方法，专利号：ZL201310247157.X；

（23）改善无面筋蛋白面团发酵性能及营养特性的方法，专利号：ZL201410356339.5；

（24）一种马铃薯渣无面筋蛋白油条及其制作方法，专利号：ZL201410680265.0；

（25）一种马铃薯煎饼及其制备方法，专利号：ZL201410680253.8；

（26）一种全薯类发糕及其制备方法，专利号：ZL201410682330.3；

（27）一种马铃薯饼干及其制备方法，专利号：ZL201410679850.9；

（28）一种全薯类蛋糕及其制备方法，专利号：ZL201410682327.1；

（29）一种由全薯类原料制成的面包及其制备方法，专利号：

ZL201410681340.5;

（30）一种全薯类无明矾油条及其制备方法，专利号：ZL201410680385.0;

（31）一种全薯类馒头及其制备方法，专利号：ZL201410680384.6;

（32）一种马铃薯膳食纤维面包及其制作方法，专利号：ZL201410679921.5;

（33）一种马铃薯渣无面筋蛋白窝窝头及其制作方法，专利号：ZL201410679902.2。

3. 可转化项目

（1）甘薯颗粒全粉生产技术；

（2）甘薯蛋白生产技术；

（3）甘薯膳食纤维生产技术；

（4）甘薯果胶生产技术；

（5）甘薯多酚生产技术；

（6）甘薯茎叶青汁粉生产技术；

（7）紫甘薯花青素生产技术；

（8）马铃薯发酵主食及复配粉生产技术；

（9）马铃薯非发酵主食及复配粉生产技术；

（10）马铃薯饼干系列食品生产技术；

（11）马铃薯蛋糕系列食品生产技术。

联系方式

联系电话：+86-10-62815541

电子邮箱：mutaihua@126.com

联系地址：北京市海淀区圆明园西路 2 号中国农业科学院
农产品加工研究所科研 1 号楼

邮　　编：100193